bei G. [illegible]

Dido.

Trauerspiel in fünf Aufzügen.

Personen.

Dido.

Aeneas.

Askan, dessen Sohn.

Achates, ein Trojaner.

Meron,
Antenor,
Pheron, } Männer Tyrischen Stammes.

Anna, Dido's Amme.

Mira,
Lyris, } Frauen Dido's.

Ein Bote.

Volk.

Erster Aufzug.

Geräumiger Platz. Dido's Stadt im Hintergrunde. In der Mitte der Bühne das Grabmal des Sichäus. Der Morgen graut. Volk steht versammelt.

Meron, zum Volke.

Durch nichts berufen, als des Herzens Stimme,
Hier an Sichäus Grabe stehen wir,
Und denken gramvoll, wie der edle Mann
Vor sieben Jahren und am heut'gen Tag
Gesunken in das Netz des Todes, ihm
Gestellt von nahverwandten Händen. Dido,
Die trefflichste, die unglückseligste
Zugleich der Königinnen, von der Wuth
Des rohen Bruders hart bedränget, floh.
Wir folgten ihr, und der Gewässer Zorn

Entronnen, wie dem Hasse des Tyrannen,
Gelangten wir in dieses Land. Hier baute
Zuerst sie dieses Denkmal ihrem Gatten,
Und es umgürtend mit der heitern Stadt
Zum Tode fügte sie das blüh'nde Leben.
Dieß Alles vor die Seele ruf' ich euch.
Erinnerung vergang'ner Schmerzen heiligt
Die Gegenwart und Zukunft. Dido naht —
Laßt in die Schatten stiller Dämmerung
Zurück uns fliehn, der Kön'gin Leid vereh-
rend!
Es giebt ein Weh, das fremden Trost nicht
duldet,
Und einen Schmerz, den sanft die Zeit nur
heilt.

Alle ab.

Dido und Anna,

Letztere mit einer Fackel und einem Korbe mit Blumen, treten auf.

Dido.

Gieb Blumen, Anna, Blumen, dieses Grab
Zu schmücken. Sieh! in lauer Nacht gepflückt,

Still bergen sie des Thaues Silbertropfen
In ihrem reinen Schooß.

Das Grab schmückend.

Dir bring' ich sie!
Es ist ein Wahn, daß von der Erde Thal
Die schöne Treue weinend sey geschieden.
Wie tiefe Wunden auch das Leben schlägt,
Es fehlt an Liebe nicht, die sie verbindet,
Und sind es Todeswunden, noch die Urne
Still schmücket mit des Kranzes Zier. Sichäus!
Geschworen hab' ich über deiner Asche
Zu wecken eines Tempe's goldne Fluren.
Hab' ich den Schwur gehalten? — Innen Leid,
Und außen Freude wandl' ich durch die Stadt.
Ach jedes Glück, das um mich her gedeiht,
Zu fragen scheinet es: wo ist dein Gatte,
Daß er mit dir mich fühle und genieße?

Die Urne umfassend.

Ein langes Leben hab' ich noch zu führen,
Und weit gestellt ist meines Wirkens Ziel;
Doch einst, wenn ich — unglücklich selbst —
das Glück
Verbreitet, bringt der Schattenführer mich

Zu dir! Du reichest mir die Hand, mich leitend
Zu deinen Freuden, deinen neuen Spielen. —
Sanft überwölbt von ewig gleichem Tag,
Wie glänzt das stille Land, wie ruhig fließt
Den nächt'gen Gram entführend, Lethe's
Strom!

Anna.

Der Liebe Werk hast Du vollendet, willst Du
Nun gehn? Kühl weht vom Meer die Morgenluft.

Dido.

Hier ist mein Platz, hier laß mich ruhen, Anna.
Ich sag' Dir, heilig ist die erste Liebe.
Des jungen Herzens warmer Flur entsprossen,
Still wächst sie auf, die reine Lilie.
Wie glänzt im Morgenroth des nahen Tags
Ihr Kelch! — die Thränen selbst, von ihrer
Brust
Hernieder sinkend in die weichen Gräser,
Die Perlen sind es reiner Seligkeit.
Wer erste Lieb' verletzet, ach der reißt

Vom Lebensbaum den schönsten Friedenszweig,
Ermordet Glück und Ruh! —

Anna.

Das Morgenroth
Erglänzt. Ich weiß, Du liebst es nicht, die Bürger
Als Zeugen Deines Kummers zu versammeln.

Dido, sich aufrichtend.

Die stille Nacht allein gehört dem Schmerz,
Der heisse Tag der königlichen Sorge.
So laß uns gehen. — Was sind das für Schatten? —

Anna.

Jetzt erst bemerk' ich sie. O Königin,
Die treuen Bürger sind es; näher zieht
Die Neigung sie, doch ihre Schritte hemmt
Die Scheu, zu stören Dich in Deinem Werk.

Dido,

auf den Stufen des Grabmals zu den Bürgern, die sich nähern. Es ist Tag geworden.

Kommt näher, seyd gegrüßt! Tief fühl' ich es,

Was dieser Blick mir sagt und dank' es Euch.
Und weil zu einer ernsten Feier-Stunde
Bei diesem Grabmal uns das Herz vereint,
Laßt uns des Jahres stille Rechnung halten.
Gelungen ist uns Vieles — halb und ganz;
Gesäet steht die heil'ge Saat und trägt
In jedem ihrer Körner schon den Keim
Zu künft'gen größern Saaten. Doch zur Kraft
Muß endlich auch die schöne Ruhe treten,
Die alles überschauet, eine Göttin,
Und des Geschaffenen sich freut im Frieden.
So laßt uns, Milde mit der Kraft vereinend,
Still wirken fort und fort. Auf Erden ist
Kein Ruhm; und wie wir jetzt den holden Frühling
Um dieses Denkmal bannen, wird dereinst
Ein neu Geschlecht um unsre eignen Gräber
Die Säulen seines Glückes stellen und
So fort bis zu dem Ende dieser Welt.
Noch eine Bitt'! ich seh die Zwietracht, Bürger,
Selbst in der Hütten Heiligthum sich drängen!
Des Hauses Frieden ist ein köstlich Kleinod,

Trübt seinen Schimmer nicht durch kleinen
Zwist.
Wer weiß, wie bald die nächste Unglücks-
stunde
Auch Euch, wie mir —

Den Schmerz bezwingend.

Lebt wohl! Viel ist zu thun;
Noch mancher Berg zu beugen, auszurotten
Die breite Wildniß. Ueberwältigend
Der Arbeit Druck, laßt uns am Feierabend
Wie junge Götter stehn im Siegesglanze.

Meron.

Trügt mich mein Auge nicht, o Königin,
So seh' ich nahen einen fremden Mann,
Ein Bote scheint er mir zu seyn vom Fürsten
Des heissen Lybiens, Jarbas, also
Giebt es die Kleidung.

Dido.

Was will mir Jarbas?
Ach, meine Bürger, kennt Ihr doch mein Leid!
Die schöne Stadt als Mitgift zu gewinnen,

Von allen Seiten strömen Freier her.
Wie Lybiens Tieger wild und roh und schrecklich.
Ein Gräu'l und Abscheu ist mir die Bewerbung,
Verrath an Euch beging' ich und an mir,
Verkauft' ich mich den Lüsten der Barbaren.
Frei will ich seyn, nur Euch gehör' ich an.

Meron.

Er naht.

Dido.

So laßt ihn vor, daß ich ihn höre.

Bote tritt ein. Er trägt einen Oelzweig und einen Pfeil.

Kennst Du das Grab?

Bote.

Wohl kenn' ich's vom Gerücht,
Sichäus Grab ist's.

Dido.

Ich bin seine Gattin,
Dem Todten treu, wie einst dem Lebenden. —
Jetzt rede, was begehrt von mir Dein Herr?

Bote.

Zum letztenmale grüßt er Dich in Freundschaft:
Du mögest als sein königliches Weib
An seinem Heerde sitzen morgen Abend;
Zu Deinen Füßen wird der Löwe ruhn,
Du aber bringest ihm, wie sich's gebührt,
Als Mitgift zu Dein Volk und Deine Stadt.
Und willst Du nicht — dann wehe, wehe Dir,
Denn mit Gewalt wird er das Werk vollführen!
Dann als Brautfackel leuchte Dido's Burg,
In Flammen aufgelöst und Klaggeheul
Der Männer, Kinder, Mütter, Greise, sey
Dein Brautgesang.

Einen Pfeil und Oelzweig bietend.

Ich biete Krieg und Frieden;
Was Dir gefällt von beiden, wähl' es jetzt.

Dido,

nach einer Pause, während welcher sie das Auge auf die Ihrigen gerichtet.

Ich wähle Krieg, und dieß magst Du verkünden.

Gekommen sind wir über's weite Meer
Zu diesem Land, dem rohen Edelstein.
Ein furchtbar herrlich Chaos ordnend, ringend
Mit der Gewässer Sturz, der Berge Kraft;
Im Schweiße unsres Angesichtes haben
Wir eine Stadt gegründet, uns zum Ruhm,
Zur Freude kommenden Geschlechtern. Und
Jetzt wollt Ihr erndten unsers Fleißes Saat,
Mit räuberischer Hand den Lorbeer pflücken,
Den wir gepflanzt im heissen Sonnenbrand,
Den freien Geist, das frei're Herz einzwängend
In ein verhaßtes Joch? — Nicht also, Bürger!
Ich bin ein Weib, doch aus des Unglücks
Armen
Ging ich hervor kühn, eine Kriegesgöttin,
Wir stehn für unsre Laren, unsern Heerd!

Volk.

Wir stehn für unsre Laren, unsern Heerd!

Dido.

Für Euren Neid Verachtung zollend, setzen
Wir Eurem Haß die Kraft, der Uebermacht

Siegflammende Begeisterung entgegen.
Gleich steht die Waage. Wie? was sagt' ich?
gleich? —
Hier keusche Zucht, dort taumelnde Begier,
Hier fromme Gluth, die hohen Götter ehrend,
Dort Wahnsinn, in den Staub sie nieder-
stürzend. —
Gelüstet's ihm nach einer Braut, wohlan,
An ihrer Fluren Markstein find' er sie,
Statt mit dem Kranz, geschmückt mit einem
Schwerdt.
Und sänk' ich auch inmitten meines Volkes:
Sieh diese Stadt! Nicht fehlen wird's an
Trümmern,
Die eines Weibes stille Größe laut
Verkünden, eines Weibes, hingemäht
Von roher Männer Wuth.

Sie giebt dem Boten ein Zeichen sich zu entfernen.

Volk,

gegen den Boten.

Hinweg und schnell!

Bote ab.

Dido.

Und jetzt, geliebte Bürger, Freunde, Helden —
Errettung gilt es unsres bessern Seyns,
Errettung aus Barbarenhänden — jetzt
Stürmt auf in Eurer Kraft! — Ich, Eure
Königin,
Bin unter Euch, will tragen, dulden, trösten. —
Und daß ich zwischen mir und meinen Freiern,
Die mit unselig flammender Begier
Krieg bringen in das goldne Land des Friedens,
Den Abgrund öffne, jäh, unüberwindbar:
Vor Eurem Aug' mit großem furchtbar'n Eid
Zum zweitenmal dem Schatten des Sichäus
Verlob' ich mich! Den Tyrern heilig ist
Die erste Lieb', so heischt's uralte Satzung
Vom heimathlichen Strand mit uns gewandert.
Fluch treffe mich — hört es, ihr Rachegötter! —
Fluch treffe mich, und ew'ge Schmach, wenn je
In eines zweiten Gatten Arm ich sinke —
Nichts soll von Euch mich trennen und von
ihm!
Und wie die Nacht mit leichtem Göttertritte
Sanft schwebet über Stadt und Fluren — unter

Dem dunkeln Fittig still gedeiht das Glück
Im Thal, auf Bergeshöhen: also will
Ich meinen Wittwenschleier still und segnend
Ausbreiten über meinen Kindern — ach
Der Liebe Sterne glänzen hell an ihm!

Meron,
vor ihr knieend.

Dir leben, sterben wir! Ja, bleib' uns treu,
Verlaß uns nicht, Du Sonne unsres Glücks!

Volk.

Führ' uns zum Kampf, zum Tod, wir folgen
Dir!

Dido.

Bringt Pfeile, bringt der Schilder, Speere
Wucht;
Des Krieges Zeichen, weit hintönend, rufe
Den Pflüger von dem Felde, von der Heerde
Die Hirten!
Einem Greis die Hand reichend.
Brüder, Schwestern sind wir alle,

Vereint in großer Stunde der Gefahr.

In weiter Ferne Geschrei und Waffengeklirr.

Ha, was ist das?

Pheron.

Verrath, Verrath! Noch eh'
Der Friedensbote sich von uns gewendet,
Verdeckt vom Flügel dieser dunkeln Nacht
Und dann von jenen Hügeln, die sich an
Dem Meer hinziehen, sind sie eingedrungen,
Schon rauchen Tempel, fließet Blut —

Volk.

Auf! zu
Den Waffen!

Man bringt Waffen und schüttet sie aus. Alle bewehren sich in Hast.

Dido.

Einen Helm, ein Schwerdt!

Sie werden ihr gebracht.

Du bringst sie?
Dank Dir!

Unter den Bürgern umherschreiend, während der Lärm im Hintergrunde fort hallt.

Schnell, schnell, es gilt das Vaterland,
Gilt unsre Götter, unsern Heerd. Sichäus,
Der kühnen Schaar der Treuen schwebe vor,
Und kehren siegreich wir im Abendstrahle
Zurück, so legen wir den Lorbeerkranz,
Den blutigen — ach, nicht durch unsre
Schuld! —
In stiller Feier auf dein Heldengrab.
Auf, meine Bürger! auf zu Kampf und Sieg!

Eilt ab. Alle folgen.

Zweiter Aufzug.

Wilde Gegend am Meeresstrande. Dido ohne Zeichen des Lebens in Aeneas Armen ruhend. Um sie her Krieger von Tyrischem und Trojanischem Stamm.

Aeneas.

Gekämpfet ist der Kampf. Jarbas sank,
Bedeckt mit Schmach entfliehen seine Völker.
Laßt uns den Helm ihr lösen, daß erquickend
Der warme Sonnenstrahl ihr Haupt umfließe.

Es geschieht.

Meron,

mit andern Tyrern herein eilend.

Hier ist sie! Dido, unsre Königin,
Entseelt!

Aeneas.

Ein Schlag, auf ihren Helm geführt
Von Feindeshand, hat sie betäubt, doch wird
Sie sich erholen.

Antenor.

Herr, Dir danken wir.
Weit von uns weggeführet hatte sie
Der Sturm des Kampfes und der eigne Muth,
Bedrängt von Uebermacht des Feindes nicht
Vermochten wir's zu folgen: wärst Du nicht
Zu guter Stunde rettend ihr erschienen,
Verloren war sie.

Aeneas.

Seht, sie athmet, lebt.

Dido.

Ermorde mich, Jarbas, meinem Volk
Laß Freiheit, Frieden!

Meron.

Unter Freunden bist Du,
Die treuen Bürger sind's, die Dich umringen.

Dido,

sich langsam erholend.

Ich sah sie stürzen tief in Todesnacht —
Mehr als des Feindes Schwerdt schlug dieser
Anblick
Zu Boden mich.

Meron.

Du hast gesiegt!

Dido,

sich aufrichtend.

Gesiegt? —
Nacht wandelt sich in Tag!

Die Bürger erblickend.

O meine Kinder!

Auf Aeneas und seine Gefährten deutend.

Und was für Götterbilder stehen mir
Zur Seite? —

Antenor.

Dein Beschützer, Dein Erretter.

Aeneas.

Entronnen kaum dem Kriege der Gewässer,

Krieg fand ich auf der Erde, dich erblickend
Wie Du, ein göttlich Weib, von Freunden fern,
Am hohen Ufer rangest mit den Feinden.
Da schnell aus eines Flüchtlings Mund erfahrend
So Dido's Leid, wie Jarbas Schmach,
Trat ich hinzu, und eingedenk der Pflicht
Vor roher Wuth zu schützen Weibestugend,
Fällt' ich den Tieger über seiner Beute. —
So wenden stets die milden hohen Götter
Des Einen Schmerzen zu des Andern Freude,
Und gern ertrag' ich's jetzt, daß ein Orkan,
Des Meeres Grund aufwühlend, meine Schiffe
Von Latiums Flur verschlug nach dieser Küste.
Es ist des Mannes Loos, daß er durch Stürme
Hinschreite zu dem Ziel.

Dido.

Wie nennst Du Dich?
Und wer sind Deine ruhmgekrönten Ahnen?
Verzeih der Fragenden, der Vielbewegten —
Doch Deine Lichterscheinung glanzvoll, herrlich

Aus Nachtgewölken zu mir tretend, hält
Mit frohem Staunen meinen Sinn umfangen.

Aeneas Schild erblickend.

Auf diesem Schilde seh' ich Troja's Brand —

Aeneas.

Wie einst aus seinen Flammen, jetzo durch
Des Meeres heilige Gewässer trag'
Ich die Penaten meines Vaterlandes.
Aeneas heiß' ich.

Dido,
in frohem Staunen.

Du, Du bist der Heros,
Von dessen Ruhme wiederhallt die Welt?
Der Venus Sohn, des heitern Gottes Bruder? —
Ja, göttlich bist Du selber uns erschienen!
Und wie frohspielend mit dem Kuß der Luft,
Genießend Himmelsblau und Erdengrün,
Der Sinn des Lebens neu sich in mir regt,
Ist Flamme stillen Dankes mein Gefühl.

Aeneas.

Genieß Dein Glück in Frieden! Selig ist,
Wen nach des Tages Müh'n am goldnen Abend
Die heitre Vaterstadt empfängt. Ein Geist
Des Segens ruhet auf den schönen Hallen,
Ein jeder Stein der Mauern ruft uns zu:
„Hier lebe, liebend und geliebet unter
Den Deinen!“ — Doch schön ist es auch, wenn Sturm
Die Stadt der Väter beugte, Götterzorn
Als Flamm' an Trümmern zehrte, aus der Asche
Die neue Glut zu wecken, fernen Völkern
Mit Freundeshand das Licht der Künste bringend;
Denn gleich vertheilten Götter Glück und Schmerz.
So zieh' denn heim. Mich laß, wenn sich der Sturm
Gelegt, die mir verhießnen Fluren suchen.

Dido.

Der uns das Leben gab, den reinen Dank,
Den froh lebendigen, er schlägt ihn aus? —

Pheron,

nebst Kriegern eintretend, die entblößte Schwerdter führen.

Weit über unsre Fluren haben wir sie
Verfolgt mit blankem Schwerdt; sie fliehen nicht,
Sie stürzen mehr von dannen, tiefgebeugt
Durch ihres Führers Tod. Leicht ward der Brand
Gelöscht, voll Jubel ist die ganze Stadt,
Wir aber sinken zu der Kön'gin Füßen
Und rufen: Heil ihr!

Die Andern.

Heil!

Dido.

Das Vaterland
Dankt Euch durch mich.

Zu Aeneas.

Siehst Du der Meinen Freude?
Durch Mitgenuß erhöht des Glückes Schöpfer
Der holden Gabe Werth. Dich warf der Sturm

An diese Küsten, nun so soll man dir
Und Deinen Kriegern Ruh und Lust bereiten
Am grünen weichen Ufer dieses Landes.

Aeneas.

Mein Kommen selbst, es ist ein halbes Scheiden,
Doch was Du bietest, nehm' ich dankbar an.
Das Gastrecht war das erste Liebeszeichen,
Womit erwacht die Völker sich begrüßten.

Dido.

So komm! — Ihr aber, Krieger, Bürger, Freunde,
Brecht grüne Zweige, schwingt in Lüften sie.
Verkünder unsers stillen sel'gen Glückes.
Aus Dankesthränen und aus Freudenstrahlen
Baut sich ein schöner Regenbogen auf.
Wir zogen aus, der Kriegsgott uns voran,
Wir kehren wieder und uns führt der Friede.
Hinab zum Orkus ging der Schritt — und sieh

Aeneas die Hand reichend.

Wir finden, die zum neuen Leben ruft.

Die holde Freundschaft auf des Todes
Wegen. —
Erschalle, Päan, heimwärts ziehn die Sieger!

Alle ab. Kriegsmusik fällt ein, entfernt sich dann, hört auf, wird aber nach einer Pause während der folgenden Scene wieder hörbarer.

Gemach Dido's, prachtvoll geschmückt, von Säulen getragen.

Anna, Lyris, Mira

und andre Frauen der Königin in froher Hast eintretend.

Anna.

Die Königin befreiet und gerächt!
O daß ich ihm zu Füßen sinken dürfte,
Der hülfreich ihr und uns, ein Gott, erschien!

Mira.

Er gleicht dem Jovisbild' in unsern Tempeln,
Denn Hoheit, Mild und Anmuth schwebt
um ihn.
Die Königin sah's auch recht wohl; es ruhte

Ihr dunkles Auge leuchtend auf dem Helden.
Er aber neigte sich vertraulich zu
Ihr hin, und wie er sprach von dem Geschick
Der Völker, glich die Stimme sanftem Donner
Durch blaue Himmel wandelnd. — Saget mir,
Seit wann ist wohl Sichäus todt? — Wer weiß,
Wird jener Fremdling heimisch bald bei uns!

Lyris.

Du bist ein Kind, ein thöricht Kind, und lästerst
Die Königin. Kennst Du die Sitte nicht
Des Landes? Heute noch dem Schatten des
Gemahles hat sie sich verlobt —

Anna.

Sie nahn,
Den Retter grüßt und die Gerettete!

Alle ab.

Nach einer Pause, während welcher man die Musik hinter der Scene und ein lautes: „Heil der Königin!“ rufen hört, tritt Dido mit Aeneas auf.

Dido,
im Hintergrunde.

Von hier aus siehst Du meinen Richtersitz —
Dort steht Dianens Tempel — Juno's Burg
Wird in dem Lauf des Jahres noch vollendet.

Aeneas.

Daß Unglück oft des Glückes Mutter ist,
Hätt' ich's nicht längst erkannt, erkennt' ich's
jetzt.
Ein neues Tyrus blüht Dir auf. Wie glühet
Das Werk, still lobend seiner Schöpf'rin Geist!
Als ich betrachtend ging durch Dido's Stadt,
Nahm sanft ein Gott die Binde mir vom
Auge,
Mich selbst mir zeigend, wie auf Latiums Flur
Ich die Altäre baute Troja's Laren.
Gar herrlich schärft sich unsrer Hoffnung Blick
An fremdem Glücke, das er sieht gedeihen.

Dido.

Empor in Glanz und Pracht steigt Hall' und
Tempel,

Doch nicht im Schimmer stirbt die alte Klage. —
Das Weib, geboren um zu lieben, fühlt,
Sank früh ein theures Haupt ihr in das
Grab —
Selbst auf dem Throne sich allein, was sie
Besaß, was sie verloren, ewig missend!

Aeneas.

Sichäus starb — wie dieses mich betrübt,
So freut es mich zugleich, daß Dido's Kraft
Aus Tod ein heiter blühend Leben weckte.
Das eben ist die wunderbare Macht
Der Schmerzen, daß sie, stählend unsre Brust,
Uns zwingt einher zu gehn in unsrer Stärke.
Die Hand, die hier das Liebste trug ins Grab,
Pflanzt dort der Hoffnung junge Reiser auf.
Das starke Herz gewinnt dem Unglück selbst
Ein Glück: Verachtung aller Leiden ab,
Sie ist der Palmenzweig, der Friede kündend
Das Ziel der mühevollen Laufbahn kränzt.

Dido.

So spricht der viel erprobte Mann? —
o Freund!

Du fügest zu des Lebens schöner Gabe
Die schönere des Trostes. — Doch wie ist mir?
Von allen Männern, die von Troja's Fall
Vielkundig mir erzählten, hört' ich sagen:
Zur Seite lebe Dir die blüh'nde Gattin.
Wo ist sie, daß ich sie begrüße? sanft
Sie leitend zu der Ruhe stillem Ort.
Noch an dem Tag des Brandes sah man sie
Dir folgend schreiten zu dem Thor der Stadt.

Aeneas.

O Königin! —

Er verhüllt sein Haupt, dann sich emporrichtend.

Verkünden soll ich Dir
Unsagbar ungeheuren Schmerz? — Nacht war's,
Und hinter mir die Flammen Troja's, Sturz
Der Tempel, Wuthgebrüll der Feinde, trug ich
Den alten, kranken Vater auf den Schultern;
An meiner Hand mit klein'rem Schritte lief
Askan, sie aber — sie ging hinter uns,
Den Traur'gen traurig folgend. Da — vor-
über

Dem Brande eines Junotempels war
Ich schon — ertönet Wehelaut, ich schaue
Zurück und lösend sich aus seinen Fugen
Erbebet, dröhnt der Tempel, wogt in Lüften,
Ein Feuermeer — Creusa seh' ich stürzen
Und über sie zusammen kracht der Bau. —
Sie schied — nicht einmal ihre Asche führ'
Ich mit. —

Dido.

Mein armer Freund! — den fremden Schmerz
Fühlt mit, wer eignen trug.

Aeneas.

Seit jenem Tag'
In Gleichmuth wandl' ich, Hirt des Volks, die Bahn.
Wenn eine Welt in Flammen unterging,
Das Liebste mit, welch neuer Schmerz könnt' ihn
Erschüttern? —

Dido.

Nimm mich auf zu deinen Höh'n!

Seine Hand ergreifend.

Ach inniger als Freude bindet Leid
Verwandte Seelen.

Aeneas.

Sieh, es wird schon heiter
Dort auf dem Meer und -- Auf seine Stirn deutend -- hier.

Dido,

ebenfalls nach dem Meere blickend.

Die Freundschaft sieht
Noch Wolken, Stürme dort, verweile hier!

Ihm das Schwerdt losgürtend.

Gieb mir Dein Schwerdt, indessen der Orkan
Noch wüthet, in des Festes heitrer Stille
Mit jungen Rosen wollen wir es kränzen.

Aeneas.

Du bist so gut!

Dido.

Ja, heiter bin ich jetzt,
Und mit bewegter Seele tief erkenn' ich's:
Ein Glück schon liegt im Tausch verwandter
Schmerzen.

Askan,
mit einem Führer eintretend, der sich bald wieder entfernt.

Das ist die Königin, die schöne Hallen
Den Kriegern und den Göttern Tempel baut.

Dido.

Dein Knab', Aeneas?

Aeneas.

Was allein mir blieb
Aus Troja's Brande.

Askan.

Königin, wir gründen
Auch eine Stadt. Dort über'm grauen Meer
Soll froh das neue Troja blühn. Ob Wind
Und Welle zürnt, wir blicken fröhlich drein,

Der Vater spricht: durch Nacht und Sonnenglanz
Nach Latium auf blauen Meereswogen!

Dido.

Du lieber Knab'! — Er sieht Dir ähnlich, Freund!
Dieselbe Stirne, gleiches Licht der Augen,
Des Mundes weiches Lächeln auch —

Sich setzend und den Knaben zu sich ziehend.

Komm zu mir,
Mein Kind!

Aeneas die Hand reichend, so daß eine Gruppe entsteht.

Du Glücklicher, dem schön verjüngt
Das eigne Leben hold zur Seite wandelt! —
Wenn nach des langen Tages Gluth am Abend
Die Königin, die Städtegründende,
Heimkehret, sucht sie auch, doch findet nicht.
Dann treten wohl mich fremde Mütter an
Mit Kindern, schöngelockten, blüh'nden Kindern
Und —

Askan herzend.

Holder Knab', wie heißest Du?

Askan.

Askan.

Aeneas,

vor Belden stehend.

Des Lebens kräft'ger Baum, wie wild auch Stürme
Den vollen Kranz von seinen Aesten streifen,
Ist doch nie ganz von Blüthen leer. Seh' ich
Den Arm dich kosend um den Knaben schlingen,
Steigt — wie aus wüstem Meer ein schönes Eiland —
Die alte gute Zeit vor mir empor.
Sanft reichen Hoffnung und Erinnerung
Die Hand sich über dieses Kindes Haupt.

Askan.

Creusa, meine Mutter, glich sie dieser?

Aeneas.

Das edle, hohe Weib! wie reiner Schnee,
Geröthet von des Morgens keuschem Strahl,
War ihre Wang' und Mondenlicht ihr Blick.

Wenn Du an ihrer Seite gingst, nicht Mutter,
Die ält're Schwester schien sie, Jungfrau noch.

Dido, halb für sich.

Sie glich mir nicht!

Askan.

Doch Du bist auch recht schön
Und blühend, wie am vollen Strauch die Rose.
Wann, Vater, ziehn wir wieder fort? Das Schiffsvolk,
Der langen Irrfahrt müde, sehnet sich
Nach Latium und mich verlanget es
Die neue Flur zu sehn und Wald und Strom.

Dido.

Bist Du so eilig? Weile noch, mein Knabe,
Die Sonne Latiums strahlt auch diesem Land,
Und

Mit halbem Blick auf Aeneas.

unsre Heimath ist, wo man uns liebt. —
Will mit Dir jagen, seltne Früchte Dir
Und Vögel zeigen, an den Strom, in Wäldern,
Auf Bergeshöh'n Dir und dem Vater folgend

Und wie Creusa durch die Flammen —

Plötzlich dumpf für sich.

Dido!

Auffahrend mit steigender Heftigkeit, doch gedämpfter Stimme.

Nicht halten will ich Dich und Deinen Sohn.
Brauchst Du noch Schiffe? Nimm die meinigen —
Verlangst Du Waffen? — Von der eignen Brust
Will ich den Schild Dir leihn. Bedarfst Du Feldfrucht
Zur Ueberfahrt? — Mit vollen Händen trage
Zu Dir mein Volk den eigenen Bedarf.
Sieh nur, wie alles ruhig wird! Die Wetter,
Die kalten Stürme fliehen — heiß umfängt
Die Luft die heisse Stirne. Frühlingsglanz
Aus Wolken strahlend, brennt mir in das Auge,
In Feuer scheint zu stehn Wald, Erde, Himmel —
Zur See, zur See, Aeneas!

Sie entflieht.

Aeneas, *ihr nachsehend.*

Dido! Dido!

Dritter Aufzug.

Hinter der Scene Cymbeln und Flöten. Dido festlich gekleidet, tritt schnell ein.

Dido,
gegen die Scene.

Laßt diese Töne schweigen! Einsamkeit
Gieb mich mir selbst zurück, so rein und treu
Wie ich gewesen. Was sind das für Bilder —
Wie blühend schön, wie Sinn verwirrend, welch
Ein neues Licht! — Die ganze Welt ein Goldreif
Das einz'ge höchste Kleinod schön zu zieren. —
Furchtbarer Feind in meinem Innern, weh!
Dich faß' ich nicht, doch fühl' ich deine Macht.
Geliebter Schatten des Sichäus, steig

Vor mir empor, mit kalter Todtenhand
Aus diesen Kämpfen, diesen Gluthen mich
Hinüber führend in das Reich der Geister,
Wo nichts empfindet, selbst das Herz nicht. — Zürnst
Du mir, o Gatte? Mit der Hand die Wunde
Von brudermörderischem Stahl gegraben,
Mir zeigend, scheinst du warnend mir zu sagen:
„Dem Alle treulos wurden, bleib mir treu!“ —
Fall' an mich Schaam! wirf mich zu Boden, reiß
Die Wurzeln aus des schönen — schrecklichen
Gefühls, und dann, o Stolz, mit deinem Stachel
Treib mich dem angespornten Rosse gleich
Empor, das, wiederfindend seine Kraft,
In freier Schöne stürmet durch die Welt.

Anna, sich nähernd.

Du flohst das heit're Fest; ward Dir zu laut
Der Becher und der Rede voller Klang?

Dido, für sich.

Will diese Meeresstille nimmer enden!
Sie, sie allein hält ihn noch hier.

Anna.

Wie Kön'gin?
Erfreut mehr als betrübet schienst Du jüngst,
Daß, als des Meeres Toben sich gelegt,
Schnell dumpfe Ruh' eintrat, Aeneas Schiffe
Mit ehr'nen Banden fesselnd in dem Hafen.

Dido.

Du sahst an mir — Für sich — des Ruhmes
Kranz entblättert!
Laut.
Sah er es auch? —

Anna.

Nichts ist geschehn, darob
Erröthen müßte die Gebieterin.
Der Venus süßen Reiß, Dianens Strenge
Im großen, wundersamen Bild vereinend,

So ruhtest Du beim Gastmahl, Herrscherin
Des Volks, Dich selbst beherrschend.

Dido, gen Himmel.

Bin ich
Noch Königin!

Zu Anna.

Was Du gedacht, versenk'
Es in den Abgrund der Vergessenheit.
Zum Grab des Gatten fliehend, wollen wir's
Mit Blumen, reinen, keuschen Blumen schmücken,
Darüber gießend unsrer Thränen Strom.
Und streckt der Arm der Welt sich nach uns aus,
Laß uns der Nacht geweihten Mantel nieder
Auf unsre Häupter reißen, bergend uns
Vor neuem Morgenroth. Dort will ich weilen
Und schweigen, dulden, dort soll mich kein Traum
Von Lieb' — Ixions Qual, Olympos Wonnen —
Verrätherisch umstricken. —

Anna.

Welches Uebel
Raubt Dir des Tages Ruh, den Schlaf der Nacht?
Wer Dich nicht kennt, glaubt heiter Dich und glücklich,
Doch meiner Treue wachsam Aug' entdeckt
Ein Weh, das still durch Deine Adern rinnt.
Der Tempel und der Häuser mächt'ger Bau,
Das große Werk der Städtegründerin,
Ja selbst das bunte Treiben heit'rer Jagd,
Was Deine kräft'gen Sinne noch vor Kurzem
Ergriffen und gefesselt, Alles ruht,
Nur nicht — Dein eignes Herz.

Dido.

Jagd, heit're Jagd!
O Reh des Wald's, in meines Stolzes Tagen,
Als ich Dianen gleich die Welt durchzog,
Bei Sternenlichte von mir aufgeschreckt,
Der blinde Trieb des Lebens lehrte Dich
Der Hörner weich verführendes Getön
Zu meiden, Frieden, Frieden Dir zu suchen

In grünenden Asylen der Natur.
Und ich — das höh're Weib, die Königin,
Ich horchte dem Sirenensang der Liebe,
Nicht in das stille, goldne Haus der Treue,
Nicht ins Asyl der Weiblichkeit floh ich
Zurück, wo sanft verhüllt vom reinen Schleier
Der Unschuld, die Begierden schlummern —

Anna um den Hals fallend.

Anna,
Sahst Du, wie jüngst — getroffen von dem Blitz
Auf offnem Meer in Feuer stand ein Schiff?

Anna.

Am Ufer klagend schauten wir's und konnten
Nicht helfen.

Dido.

Nicht? Nicht helfen! — sahest Du
Bei nächtlich dunkler Weile neulich Brand
Entglimmen in dem Innern jenes Hauses?
Erst seltsam Leuchten hie und da erscheinend,
Darauf Gezisch der Flammen, Windsgeheul —

Dann — dann ein ganzer Aetna wallend aus
Den stürzenden Gebälken —

Anna.

Dieses auch
Erblickt' ich.

Dido.

Nun — ich bin das Haus, das
Schiff,
Vor meinen Flammen rette mich, vor mir! —

Anna.

Warum dieß Ringen, dieß Entsetzen? —
Bist Du
Der Venus Sohn, dem schönen Fremdling
hold,
Weil er das Leben Dir erhielt, seit wann
Ist Dankbarkeit Verbrechen?

Dido.

Dankbarkeit,
Das milde Licht, verschlungen ist es längst
Von andrer Gluth! Gekannt hätt' ich die Liebe?

Ich hab' sie nie gekannt, eh' ich ihn sah! —
Ein holdes Lächeln seines Auges und
Im Frühlingssonnenschein erglänzt die Welt —
Ein finstrer Blick von ihm — und tiefe Nacht
Sinkt auf das Leben. — Weh! was sagt' ich? —
Darfst du
Von Gunst und Gegengunst noch sprechen,
Weib
Von Tyrus Stamm, dem ein Gesetz verkündet,
Daß Schmach ruht auf der Gattin zweiter
Liebe.

Anna.

Wer die Gesetze gab, kann sie auch lösen,
Und lauter, als der Menschen Satzung ruft
Die Stimme der Natur. Seit sieben Jahren
In seltner Treu, im Wittwenschleier hast Du
Beklagt des Gatten Schicksal. Zeit ist's nun,
Daß sich das glüh'nde Leben trennt vom Tode.
Dieß feu'rge Herz, soll endlich es versteinen
Am kalten Stein des Grabes? Diese Arme,
Geschaffen, um — ein unauflösbar Netz —
Des Glückes heit're Gaben zu umstricken,

Sie sollen nur die Todesurne fassen? —
Die Leidenschaft ist Mutter alles Großen,
Und wer die Welt beglücket, hat ein Recht
Den Lohn zu suchen, wo es ihm gefällt.
O Königin, in Deinem Harme selbst
Erkannt' ich Spuren neuer mächt'ger Sehnsucht,
Die von Dir unerkannt, doch still gedeihend,
In Thränen hinfloß auf des Gatten Grab.

Dido.

Wer bist Du, mit des Argus Blicken mir
Das Herz ergründend? — Hebe Dich hinweg!
Ein Grau'n faßt mich vor Dir!

Anna.

Dich lieb' ich, will
Dich glücklich wissen. Laß uns ruh'gen Sinnes
Die Bahn zum Glücke suchen. Gegenliebe
Gestand er Dir?

Dido.

Er? O verlange nicht
Wärm' und Gefühl vom Eis! —

Anna.

Es liebt der Mann
Zu bergen unter'm Schein der Kraft die Schwäche.
Vielleicht auch waget er, mit wenig Schiffen
Gelangt an diese reiche Küste, nicht,
Zu werben um die Hand der Königin.
Mein Rath ist, forsch' ihn aus. Wie leicht ergründet
Des Weibes feiner Sinn des Mannes Brust! —
Er glaubt zu blenden und er ist durchschaut.
Fass' Dich! Er kommt.

Dido,
ihr Gesicht verhüllend.

Weh mir!

Nach kleiner Pause.

Dein Rath ist gut;
Entscheidung will ich über Tod und Leben.
Mit Frauenlist, mit Frauenanmuth laß ich
Das Auge meiner Neigung leise spähend
Auf seinem Herzen weilen. Find' ich's kalt —

Sich emporreißend.

Nicht schwach seyn will ich — ich bin stark!
Fort, Anna!

Anna ab.

Dido,

Aeneas entgegen tretend.

Verzeih, o Herr, daß wider Sitt' und Recht
Des Festes Wirthin sich dem Fest entzog.
Oft in den goldnen Tag der Könige
Drängt sich — Du weißt es — eine kleine Sorge,
Ein nichtiges Geschäft.

Aeneas.

In neuen Gaben
Ist uns des Gebers milder Geist erschienen.
Als ich entflohen dem Gewühl des Festes,
Hab' ich noch eine schöne Stunde still
Verlebet, einsam wandelnd durch die Fluren.

Dido,

mit steigendem Feuer.

Sie sind ganz wohnlich. Milde Lüfte wehn

Und eine warme Sonne glänzet hier;
Gleich einem Prachtgewande ziehen Matten
Sich um den Fuß der Berg', auf deren Gipfeln
Hoch aufgewachsen der Platanen Kreis
Gleich himmelstürmenden Giganten steht.
Es wogt die goldne Saat, der Lorbeer prangt,
Und unter ihm bei Myrten glüht die Rose;
Ach und der Nachtigallen Brautgesang
Aus allen Bäumen, allen Büschen schmetternd!
Daneben rauscht mit wild unbänd'gem Schlag
Das heil'ge Meer, das Bild des Menschen-
herzens.

Aeneas.

Es ist ein schönes, wundervolles Land,
Und dürft' ich wählen, wählt' ich dieses.

Dido.

Wirklich?

Aeneas.

Du weißt, nach Latium rufen die Orakel,
Des Vaters Geist, des Sohnes blühend Haupt,
Das ich mit einer Krone schmücken soll.

Auch ist fast jede Scholle Deines Landes
Mit fleißigen Bewohnern übersä't:

Lächelnd.

Schon hab' ich einen kleinen Streit geschlichtet,
Dein thätig Volk, es sah in meinen Kriegern
Die Mitbewerber um des Landes Saaten
Und —

Dido.

Wie? Das wagten sie! sie sollen zittern —

Aeneas.

Bleib! Leicht beschwichtiget des Uebels Toben,
Wer ruh'gen Geistes seinen Grund erkannt.
Nur sagen durft' ich, daß wir nicht gedenken
Hier zu verweilen und befriedigt waren
Die Herzen.

Dido.

Nicht das Schwerdt des Helden nur,
Auch seine Worte siegen, — Für sich — tödten!

Aeneas.

Als
Ich weiter schritt, gewahrt' ich einen Tempel
Zu meiner Mutter Ruhm von Dir gegründet.
Von weissen Säulen schön und still getragen,
Wie ruhig stand er da am Strand des Meers!
Ich trat hinein, und eine Schaar von Mädchen
Mit Rosen und mit Thränen auf den Wangen,
Auch Rosen in der Hand, lag am Altar.
Doch als sie mich gewahrten, scheu und stumm
Gleich weissen Rehen flohen sie von dannen.
Fast dauerten die armen Kleinen mich.

Dido, für sich.

Bedauern? —

Laut.

Wissen wird der Venus Sohn,
Wie über dieser Erde Flächen weit
Verbreitet ist der schönen Mutter Dienst.
Man sagt, daß nicht die Menschen nur, auch Götter
An ihrem Altar hingegossen flehn —
Doch wir, in heitrer Geistesruhe, schreiten
Wohl eher zu Dianens Heiligthum.

Aeneas.

Der Venus Sohn, verehr' ich ihre Macht,
Die, was des Lebens Stürme grausam trennten,
Vereinend, sanft der Menschheit Wunden heilt.
Die Göttliche, im Glanze thronend, schmückt mir
Mit ihrer schönsten Strahlen reinem Kranze
Creusa's theures Bild und heilig, heilig
Ist erste Liebe.

Dido,

welche bei den ersten Worten sich zu Aeneas geneigt, fährt jetzt zurück.

Ha!

Aeneas, verklärt.

Wie ich dem Bild
Nachblick' im Morgenglanz und Abendlicht,
Still sinkt der Leidenschaften Stachel mir
Vom Herzen, und den guten, treuen Menschen,
Die mir begegnen auf des Lebens Wegen,
Kann ich die Hand wohl reichen, sagen: seyd
Mir Freunde! aber lieben, wie ich einst
Geliebt, mit dieser Gluth, das kann ich nicht mehr,
Der Erde schmerzverklärter Bürger.

Dido.

Freundschaft!
Ein schönes Wort, vor allen für die Männer.
Kennst Du die Sage wohl? Als einst die Götter
Der jungen Erde ihre Gaben lieh'n,
Da trat zuerst der Mann hervor und sprach:
Gebt mir, was mir gefällt zugleich und nützt,
Was mich zerstreuet, doch nicht fesselt, was
Bequem und eben recht ist zum Vergnügen. —
Da gaben Götter ihm Gefühl für Freundschaft.
Das Weib es sprach: gebt mir, wofür ich leben,
In Freud' und Leid, mit Lächeln und mit Thränen
Recht innig sagen möge; da verliehen
Die Götter ihr der Liebe süßen Schmerz.

Aeneas.

Und auch zugleich ihr Glück.

Dido,

mit verhallender Stimme.

Ihr Glück?

Askan
auftretend, zu Aeneas.

Ist's wahr,
Daß Lieb' unglücklich macht?

Aeneas.

Wie kommst Du darauf?

Askan.

Sieh nur, am Strande sitzt der schöne Itris
So, so, recht traurig, — und als ich die Männer
Befragte, was ihm fehle? lachten sie,
„Er liebe“ sprechend. Nun ich liebe doch
Auch Viele, Itris und den braunen Hylas,
Den guten Ates, herzlich lieben sie
Mich wieder und — und weiter nichts.

Aeneas,
mit einem Blick auf Dido.

Mein Sohn! —

Askan.

Hör', Itris hat mir auch ein Lied gelehrt

Von Amor, der Dein Bruder ist. Willst Du
Es hören, schöne Frau? auch Du, mein
Vater!

Die Welt beherrscht Chronion,
Chronion und die Welt
Lenkt still mit weichem Zügel
Ein blühend Götterkind.

Wenn es mit sanften Pfeilen
Die glüh'nde Brust berührt,
Der trinkt aus Hebe's Becher
Und ruht bei Jovis Mahl.

Doch weh, wenn es im Zorne
Den vollen Köcher leert,
Das stille Gift des Wahnsinns
Ausschüttend auf ein Haupt!

Aus Höh'n und Tiefen schauet
Der Furien altes Bild —
„Dem Jäger willst entrinnen,
Der in dir selber thront?“

So schweift das Wild und stöhnet,
Stürzt nieder, stöhnt und schweift,
Und sieht im Feuerbrande
Die Welt — sich selbst vergehn.

Aeneas, zu Askan.

Laß Dir von Jtris keine Lieder lehren. —
Ein Glück, daß er sie nicht verstehet! —

Dido,

Aeneas anblickend.

Recht,
Recht, er versteht sie nicht! —
Da überfällt mich plötzlich heisse Lust
Zu jagen. — Willst Du mit mir, mein Askan,
Waldeinwärts in Bachantengluth? — Sturz in
Die Thäler, Schwung auf Bergeshöh'n —

Askan.

Du ziehst
Doch mit uns, Vater?

Aeneas.

Gern, o Kön'gin.

Dido.

Tönet

Ihr Hörner, Rosse wiehert, sauset Speere!

Für sich.

Ich Jägerin? — weh, ich bin selbst das Wild! —

Laut.

Komm, lieber Kleiner, komm —

Stolz zu Aeneas.

auch Du — mein Freund!

Sie zieht sie, Beide führend, rasch mit sich fort. Jagdhörner ertönen.

Vierter Aufzug.

Dido, allein.

Wenn sich der Freund aus unsern Armen
windet
Auf Stunden nur, wie langsam rinnt die Zeit,
Wie senket Lebenslust die weichen Schwingen,
Wie stehen dann der Seele tiefe Wogen
Zum todten See verkehrt, in den Gefühle
Wie stille Trauerweiden niederhängen! —
Bis morgenröthlich, Wang' und Stirn bestrahlt
Vom Glanz, der Freund zurück uns kehrt,
Lust, Leben
Und fröhlich stürmendes Bewegen bringend.
Doch ew'ge Trennung! ewige! — da ist
Kein Wiedersehn! — Die Arme, weitgeöffnet
Umfassen nur die kalte nasse Luft,
Ein Wolkenbild, das dann von heissen Wangen

In Thränenströmen niederrinnet. — Trennung!
Zum Marmorbild macht sie den warmen Menschen,
Das stieren Blicks die Urne seines Glückes
Stumm an den schmerzversteinten Busen drückt. —
Er kommt. — Du Frauenstolz sey Panzer mir!
Kein leiser Hauch mög' ihm den Sturm verkünden,
Der dumpf auf Adlersfitt'gen in mir braust.
Gift in den Adern, Lächeln auf den Lippen! —

Aeneas, eintretend.

Noch immer senkt der Wind die matten Flügel;
Der Teukrer hauptumlockte Schaar mit Wogen
Bewegter Brust bewegte See begehrend,
Sitzt an den Ruderbänken; Meeressturm
Scheint ihnen gegen diese Stille Spiel.
Ist eine Klag' dem Mann erlaubt, ist's die,
In Thatenfülle sich gehemmt zu sehn.

Dido.

Wind, Wetter kann sich ändern. Auf dem Meere,
Wo alles Laune, grenzt der Welle Frieden
An Wellenkampf und oft

Aeneas erblickend.

sind Sturm und Frieden
So nah sich, daß — was wollt' ich sagen? — sieh,
Wenn günstig nun die Winde wehn, dann lösest
Du rasch die Segel, wirfst leicht mit der Hand
Mir einen Gruß zu, Schrei der Freude schlägt
Hell an mein Ohr, und ich — ich bleib' allein,
Allein mit meiner Kraft; muß ebnen Berge,
Muß Städte gründen, Seen trocknen und
Auch Thränen, Flammenthränen meines Volks,
So werd' ich heiter, glücklich, selig seyn!

Aeneas.

Das wünsch' ich Dir! Es winde sanft ein Gott

Ein holdes Glück als Kranz um Deine
Stirne. —
Es war so schön, zum grünen Strand gerettet,
Hinab zu schauen auf das Meer der Sorgen,
Und neu zu schlürfen aus der Freundschaft
Hand
Den Wein des Lebens. — Ich gesteh' es Dir,
Mehr Weib als Königin Dich wähnend, hab'
Ich früher Dich nicht ganz gekannt: jetzt
seh' ich's,
Du reihst Dich jenen großen Seelen an,
Die aller Erdenblumen üpp'ge Garben
Verschmähen um des Lorbeers reinen Zweig.
Heil Dir! denn Könige der Erde sollen
Den Hirten gleichen, die auf grünen Fluren
Die anvertrauten Heerden weiden und
Sich selbst vergessend stehn im Sonnenbrand.
Was sinnest Du?

Dido.

Dem Wege blick' ich nach,
Auf dem Dein Schiff wird gleiten. Ist es
dort

Der Bucht vorbei, sieht unser Aug' es nimmer —
Doch, doch, noch einmal auf dem hohen Meer
Und Stundenlang, bis Deine Segel weiß
Verschwimmen in den lichten Horizont.

Für sich.

Verräth'risch Herz, hinunter deine Wogen!
Er liebt dich nicht — soll er dich auch verachten!

Aeneas.

In reiner Treue werd' ich an Dich denken.
Bald knüpfet hier sein Boot ein Schiffer an,
Der Freundin Freundesschicksal zu verkünden.

Dido.

Nun ja, in Monden kann sich's schon ereignen
Vielleicht, vielleicht auch nicht — und ist dann langsam
Ein Jahr entflohn und drüber, sendest Du
Wohl einen zweiten Boten aus —

Für sich.

indeß
In jeder Stunde mich die Sehnsucht tödtet!

Laut.

Wenn Du Dein Reich gegründet, gieb mir
Kunde.

Aeneas.

Wie Dido? Jüngst mir heiter zugewandt
Und nun kalt, abgemessen? Nanntest ja
Mich Freund, und Freundestreu gleicht nicht
der Sonne,
Die Fluren, die sie kaum geküßt, verläßt;
Nicht trübe Nacht, nur milden Tag kennt jene.
Gleichgültig wär' ich Dir?

Dido, ihn anblickend.

Gleichgültig? — welches Wehen
Um Wang' und Stirn mir fächelnd! —

Aeneas.

Ruft ihr, Götter?
Zur See auf kühnen Fitt'gen stürmt der Wind,
Als wollt' er alles Leben dieser Erde
Zum schönen Bad in frische Fluthen tragen.

Man hört fröhliches Rufen der Schiffer.

Dido.

Horch!

Vielstimmiger Ruf der Schiffer hinter der Scene.

Heil der Schiffahrt!

Askan, hereineilend.

Vater, Vater, Vater,
Wir ziehen fort. Leb wohl, Du schöne Frau!

Achates.

Neptun und Aeolus sind günstig uns.
Die leichte Bürde jubelnd fortzuspielen
Sanft beut die See den schön gekrümmten
Nacken;
Das Schiffsvolk brennet; jede Welle blitzt
Begeist'rung uns und Lebenshoffnung zu,
Und wer auf weitem Meere zählt die Wellen.

Aeneas.

Die Segel löst, schlag ein, du Kraft der Ruder!
Der letzte Tag der langen Mühefahrt
Bringt wie ein holder, bangersehnter Freund
Bestandner Leiden seliges Vergessen.
Leb' Dido wohl!

Askan.

Was ist der Königin?

Dido ist während des Obigen im Kampfe mit der höchsten Leidenschaft an eine Säule gesunken.

Aeneas.

Was für ein Zufall — sprich, fühlst Du Dich krank?

Dido.

An tausend Herzenswunden!

Aeneas.

Wie?

Dido,

starr vor sich hinblickend.

Geh! Geh!

Aeneas, für sich.

Ihr Götter! als Gewißheit steht vor mir
Was still als Ahnung trübte meine Seele!
Nicht also kann ich sie verlassen. — Dido,
Sey milder, sprich ein gütig Lebewohl. —

Wenn Freunde scheiden, sey's mit klarem
Sinn,
Das Herz befriedigt und gelöst die Zweifel,
So knüpft der Liebe schönes Band sich fester.

Dido,
in höchster Leidenschaft.

Brecht aus, ihr Flammen, und verschlingt das
Glück
Eh Wind, Meer, Götter es entführen! —
Aeneas Hand ergreifend.
Besinnung und Entsagung, in den Abgrund
Mit euch, mich flechtend auf Ixions Rad —
Ihr weinumkränzten Genien, des Genusses
Lichtfrohe Götter, Venus, glüh'nde Mutter
Des kältesten der Söhne, fess'le mir
Den Flüchtling!

Aeneas.

Dido — Königin — Dich täuscht
Dein edles Herz, Dein rasch Gefühl. Weil ich
Zu guter Stund' ein Retter Dir erschienen,
Glaubst Du — Nicht nach der schön'ren
Gabe miß

Des Gebers Werth! Unendlich freut es mich
Nach so viel Jahren blut'gen Kampfs und Hasses
An fernem Strand, weit unter fremden Zonen
Zu finden einen Menschen, der für mich
In schöner Wärme glüht. — Doch frag' ich Dich,
Darf ich die Hoffnung meines Volkes täuschen,
Im Augenblicke täuschen, wo Gewährung
Aus goldnen Wolken sanft hernieder schwebt,
Ihr himmlisch Bild in jeder Welle spiegelnd?
Die Erndte nur von eigner Saat erfreut
Den Mann; den Wohnsitz gründen will er sich,
Nicht träg' auf fremde Blumenbetten sinken.
Dein Volk, — mein erster Blick hat es erkannt —
Zehrt neidisch jedes Glück uns von den Lippen,
Das Du großmüthig reichst den Fremdlingen.
Soll ich entzwey'n die Mutter mit den Kindern? —
Es ist so schön, so herrlich, wenn ein König
Das eigne Leid vergißt um fremdes Glück! —

Du hörst mich nicht — die Stimme meiner
Freundschaft
Sie scheint wie Donnerton Dich zu umhallen,
Die Wärme meines heiteren Gefühls
Sie brennt im fürchterlichen Wiederschein
Auf Deinen Wangen — wie beklagenswerth —

Dido,

sich stolz emporrichtend.

Beklagenswerth, die Königin? — geh, ich
Verzeihe Dir!

Will rasch ab, bleibt aber, vom Schmerz überwältigt, stehn.

Ah!

Aeneas.

Dido!

Dido, in Thränen.

Wenn die Götter
Dich von mir rufen, laß den Knaben mir,
Dein Kind der Kinderlosen!

Aeneas.

Alles kann
Der Mann entbehren, seine Kinder nicht!

Anchises, Gattin, Vaterland — sie blühn
Allein in meinem Sohn mir wieder auf.

Dido.

So hab' ich ein Verlangen nur, das wird
Creusa's treuer Gatte noch erfüllen:
Vermähle Dich nicht wieder. — Du verstummst —
Ist es? — es ist! Du bist verlobt, vermählt
Von neuem —

Aeneas.

Nein! doch weil ich sehe,
Daß unsrer Herzen Sturm und Friedensstille
Wie Tag und Nacht, wie Ebb' und Fluth sich scheiden,
So steh' vermittelnd zwischen uns die Wahrheit.
Als keinen Rauch von Lybiens Hütten noch
Der Teukrer Blick erschauet, ruhten wir
Nach Sturm im Hafen von Sicilien.
Da zu dem nachbarlichen Eiland kamen
Von Latiums Könige Gesandten; er
Durch heilig Gastrecht unserm Stamm verbunden,

Sich gleichen Ahnherrns rühmend, bot mir Waffen,
Und Hülfe, bot der Tochter Hand. — Noch ist
Kein Band geschlungen — wenn mich nicht die Pflicht
Des Völkerhirten —

Dido.

Täusch' mich nicht, Du Guter!
Die fremden Hochzeitfackeln seh' ich brennen,
An meinem eignen Herzen brennen! — Liebe
Von Gegenliebe sanft geküsset, gleicht
Dem Taubenpaar, das unter'm Hüttendach
Bei Rosen und bei Myrten friedlich nistet;
Verschmähte Liebe ist der Felsen, der
Von keinem sonn'gen Frühling je begrüßt,
Der Blumen weiche Fülle nicht, nur Adler
Und Geyer an dem Busen nährend, hoch
Und höher in die kalten Regionen
Sich selbst ein Grau'n emporwächst, bis er endlich,
Vom Sturme der Verzweiflung wild erfaßt,
Hinabstürzt in des Meeres Grund. Wohlan!

Zieh hin zum Hochzeitfest, und Deinen Ruhm,
Dein ganzes Seyn, wirf sie als Kranz zur
Erde,
Auf dem die junge Schönheit lächelnd tritt, —
Doch, bei den Göttern, die die Kön'ge rächen!
Zerreißend Eure schmachtende Umarmung
Ins Brautgemach der Liebe stürmen wird
Mit Wehelaut und Gift und Schwerdt und
Dolch
Der Schatten der unglücklichen Elissa.

Sie geht ab.

Aeneas, allein.

So hat sich alles wider mich verschworen,
Wind, Welle, Feindeshaß und Freundesliebe?
Ich habe diese Flammen nicht entzündet,
Mein Kommen selbst, es war ein halbes
Scheiden —
Und kurzem Schmerz sie überlassend, rett' ich
Vor langem Unglück sie. Zwei zürnende
Gewitter ewig würden meine Kraft
Und ihre Gluth sich gegenüber stehn.
So scheide, jetzt. Wie deine Gegenwart

Ihr Schmerzen bringt, geb' Trennung ihr
den Frieden!
Wer treu den Göttern, treu des Herzens
Stimme,
Die Bahn des Ruhmes schreitet und der Pflicht,
Dem stürzet auf das reine Haupt kein Fluch.

Achates, Askan und andre Trojaner treten auf.

Ruft Ihr mich, Freunde? rufst Du, mein
Askan?
Dir eine Krone zu erobern, zieht
Der Vater hoffend aus.

Niederknieend, Askan folgt seinem Beispiel.

Ihr Götter! gebt
Uns eine gute Fahrt. Nehmt allen Schmerz
Von Dido's Haupt und bürdet mir ihn auf,
Ich weiß das Leid zu tragen, zu besiegen. —
Und nun, nun fort! durch Nacht und Sonnenglanz
Nach Latium auf blauen Meereswogen.

Alle ab.

Dido,

eintretend mit Anna.

Er geht, läßt die Verachtung mir zurück!

Verflucht die Thräne, die um Mitleid fleht,
Verflucht das Wort, das bettelt um sein
Bleiben,
Doch mich rechtfert'gen muß ich. Ruf' ihn mir
Zurück auf Augenblicke!

Anna ab.

Frauenwürde
Entweiht, gelästert durch ein Weib! — wie
steigen
Im Qualm des Acheron, gleich Furien,
Gigant'sche Häupter schüttelnd, Schuld und
Reue
Vor mir empor! — Aus Netzen des Ver-
derbens
Erheb' dich, Frauentugend, kämpf' und sieg'!
Wenn wieder mir aus deinem Heldenauge
Gewißheit deiner Achtung strahlt, dann, Fremd-
ling,
Erst dann ist's Zeit nach Latium zu steuern!
Ich selbst geleite dich zum Schiff.

Anna, zurückkehrend.

Umsonst.
„Er lasse Dich allein mit Deiner Kraft,

„Die Liebe sterbe, Freundschaft nie, den Schmerz,
„Den unvermeidlichen, vermehre nur
„Wer ihn zu meiden suche; nicht entblühe
„Der Bangigkeit des Zögerns Glück und Ruh.
„Sich von Dir trennend, ehr' er Dich und sich."

Dido.

Verdammet, ungehört! — Das wär' Aeneas,
Der gottgeliebte Held, aus Troja's Brande
Auf seinen Schultern tragend Vater und
Penaten? — Weh mir! ein Verräther ist's,
Von meinen Feinden, meinen Freiern, die ich
Verschmähte, mir zu Spott und Schmach gesandt,
Mit falschem Ruhm und Leid, mit Zauberkünsten
Dieß stolze Herz zu täuschen und zu brechen.
Mit gift'gem Zahn des Hohns zerreißen seh'
Ich meinen großen Namen! — duld' ich's? — die ihr
Die Frauen schützt und rächet, Juno, Pallas,

Leiht Blitze mir, die Flotte zu vernichten,
Die meine Schande trägt durch alle Welt!
Führt nicht auch Tyrus Waffen, Feuers-
gluthen?

Zu Bürgern, welche bei beginnender Dunkelheit mit Fackeln eingetreten.

Mir nach, mir nach, die Kön'gin schreitet vor.

Eine Fackel angreifend.

Selbst Flamme, Flammentragend!

Volk.

Schützet Dido!

Fünfter Aufzug.

Platz vor Dido's Pallaste. Auf den Stufen, die zu demselben führen, steht das Volk in Gruppen. Weiter vor ebenfalls Tyrische Männer und Frauen, alle in leisem heftigen Gespräch begriffen. Nacht. Sturmesbrausen.

Erster Tyrier.

Hört Ihr den Sturmwind heulen und erbrausen
Das hohle Meer? Die Wetterwolken ziehn
Schwer, Blitzeschwanger über unsre Fluren.
Ja, alles hat auf Erden seinen Grund.

Zweiter Tyrier.

Mich soll's nicht wundern, wenn der Eichwald splittert,

Die Berge stürzen, Hagel schlägt die Saat —
Stehn doch die alten Sitten auch nicht fest.

Antenor,

eintretend, zu Meron.

Was ist geschehn? Ein Grauen faßt mich,
denn
Von allen Lippen hallet Dido's Name,
Ein Ton des Vorwurfs und der Klage.
Was sich
Begab, verkünd' es. Ein Geschäft rief mich
Auf wenig Stunden von der Stadt.

Meron.

O Freund,
Viel trüb're Wetterwolken, als die sind,
Die jetzt an diesem Himmel wogen, seh' ich
Aufsteigen über unserm Land. Die Kön'gin,
In unerlaubten Flammen brennend für
Aeneas, stürzt ihm nach. Wie sie einher-
schritt —
Die Augen Feuerstrahlen, schwarze Wolken
Ihr flatternd Haar, im wilden Taumel mit

Sich reißend Männer, Weiber, alles Volk
Der Stadt: urplötzlich aus den Schatten stieg
Sichäus Denkmal schweigend vor ihr auf.
Es schau'n, zusammenbrechen, über sich den Mantel
Hinziehen, bergen sich in seinen Falten,
War eins. So lag sie stumm und regungslos,
Ein Bild der Nacht, des Todes. — Lautlos schieden
Die Schiffe des Aeneas, lautlos auch
In dumpfem Brüten stand das Volk. Nur von
Dem Meer herüber scholl ein hohles Brausen.
Jetzt hebt sie sich empor und rückwärts schauend,
Das Aug', in dem die ganze Seele liegt
Gerichtet auf das Grabmal ihres Gatten —
Rings weichen Bürger — schreitet sie zur Stadt,
In ihre inneren Gemächer langsam
Gleich einem Schatten sich verlierend. Mit
Ihr ging die Schuld, doch uns blieb das Entsetzen,

Und schnell, wie Schlag auf Schlag folgt bei Gewittern
Laut, lauter, donnernd hallt's von Mund zu Munde:
„Sie brach des Landes Sitte, herrschen will sie,
Die selbst sich nicht beherrschet, richten uns,
Die selbst zu richten.“ Schrecklich ist das Volk,
Das Klag' erhebet wider seinen König.

Antenor.

O Tag des Unglücks! Ihre Tugend selbst,
Ihr glorreich Leben ist's, was sie verdammt.
Dieß Volk, der glühnd'sten Leidenschaften voll,
Dem Tieger gleicht's, sie aber ging daneben,
Es leitend an der Sitte goldner Fessel.
In ihrem makellosen Wandel lag
Der ganze Zauber. Weh! wie will sie nun
Die selbst Gesetze brach, Gesetze geben?
Bei jeder Buße, neu verhängt von ihr

Erheben würde sich des Volkes Stimme:
„Du Schuldige, bestrafe nicht die Schuld!“

Anna tritt aus dem Pallaste.

Erster Tyrier.

Seht Anna!

Ihr mit Mehreren entgegen eilend.

Sprich, wie lebt die Kön'gin? klagt
Sie laut? weint sie im Stillen?

Zweiter Tyrier.

Warum
Erscheint sie nicht?

Dritter Tyrier.

Bereut sie ihre That?

Anna.

Seyd ruhig, Bürger, ehrt den heil'gen Schmerz.
O traurig Loos der Großen dieser Erde!

Als Menschen sollen sie empfinden, mit
Euch fühlend Eure Freuden, Eure Leiden.
Doch wenn sie selbst sich von der rechten Bahn
Um eines Haares Breite nur verirren,
Als Menschen menschlich fehlend, o wie freu'n
Sich dann die kleinen Geister „seht nur, seht
Der Starken Schwäche" rufend. Jeder Stein
Von diesen Mauern kündet ihren Ruhm,
Von aller Völker Zungen tönt ihr Lob,
Und Ihr — o bittre Schmach! so schonungslos
Ging Eures Vorwurfs Machtwort durch die Luft,
Daß sie, es hörend, noch den gift'gen Hohn
Stillduldend mitnahm in die Nacht der Schmerzen.

Meron.

Wie trägt sie ihn! mir, Anna, künd' es!

Anna.

Erst
In Todesähnlicher Ermattung lag

Sie auf den Polstern. Endlich drangen aus
Dem blut'gen Aug' zwei große schwere
Tropfen,
Und wie sie niederstürzten, ihr von Haupt
Und Herzen schien der Erde Schmerz zu
sinken.
Denn groß und herrlich, eine Nemesis,
Hob sie sich auf, mit lauter, ehr'ner Stimme —
Ein Grausen faßte mich bei diesen Tönen —
Mir anbefehlend, einen Scheiterhaufen
Zu richten und darauf zu legen, was
Noch eine Spur von Troja's Söhnen gebe.
Sie aber nahm die Feder, heil'ge Zeichen
In eine Rolle schreibend, rufend dann:
„Wenn ich zu reden aufgehöret, rede
„Zu meinem Volke." Jetzt in des Pallastes
Geräumige Gehöfte ruft sie Euch.
Ihr sollet kommen, Männer, Weiber, Greise
Und Kinder, eine stille Schaar. — Was sie
Euch sagen wird — ich weiß es nicht, doch
schont sie!
Von Euch erfleh' ich's unter blut'gen Thränen.

Meron,

leise zu Antenor.

Siehst Du die Wetterwolken?

Antenor.

Blitze seh' ich.

Meron.

Der Donner rollt?

Antenor.

Ich fühle seinen Schlag.

Anna.

Folgt mir, die Schweigenden dem traur'gen Führer,
Laßt uns zu ihr hinwandeln hoffend, fürchtend. —

Sie geht mit gerungenen Händen voran. Alle folgen. Pause, während welcher man fernen Donner und Sturmesbrausen hört. Die Scene öffnet sich. Großer Hofraum. Im Hintergrunde ein Scheiterhaufen, auf welchem Waffen und andre Geräthschaften der Trojaner sichtbar sind. Brennende Candelaber stehn umher. Weiter vor Dido in nachdenklicher Stellung ruhend. Während der folgenden Scene erhellt sich der Himmel, Mondschein fällt auf das Gemäuer.

Dido, allein.

Den Sklaven, fehlt er, straft der Herr, den Bürger
Der König. — Wer bestraft die Könige
Ob ihrer Schuld? — sie selbst, zugleich Verbrecher
Und Richter des Verbrechens. Wer darf fehlen?
Sklav? Bürger? ja; denn in des Lebens Noth
Verkümmernd, sind sie Körper mehr als Geist.
Der Herrscher? — Böse Lehr' auswandelnd von
Dem Thron ist Pest, Pest für die Welt! und du! —
Siehst du den Fluch? Von dir gerufen schwebt er
Mit breitem Fittig über's Land —

Sich erhebend.

Reiß ihn
Hernieder auf dein Haupt und Volk und Stadt

Entsühnend, stirb! — Wie der Gedanke sich
Vermittelnd stellet zwischen mich und sie!
„Stirb!“ ruft das Vaterland dem Sohne zu,
Wenn nichts zu retten, als die Ehre.
„Stirb!“
Spricht sanft die Reue zu der Schuld und legt
Den Kranz des Friedens auf ihr frühes Grab.
Wie mag ich es vollenden? — Frag' ich noch?
Als alles floh, von Göttern mir zurück
Gehalten blieb ein Schwerdt, Aeneas Schwerdt!

Es von dem Scheiterhaufen nehmend.

Mit Rosen kränzen wollt' ich dich? Wohlan,
Mein Blut färbt dich mit Rosen!

Mit erschütternder Kraft.

Halt! was war das?
Noch Gottverfluchte Flammen? Schwärmerei
Der Lieb' im Tode noch?

Das Schwerdt auf den Boden setzend und zertretend.

Vernichtet sey,

Die Trümmer fort, fort wie die letzten
Schlacken
Der Sinnenlieb'!

Ein andres Schwerdt ergreifend.

Mein eigner keuscher Stahl
In Morgen = und in Abendgluth geschwungen
Für meine Götter, meinen Heerd, du Zeuge
Der Tugend deiner Königin, befreie
Sie sanft von ihrer einz'gen Schuld! — Ihr
Mauern,
In Schmerz gegründet, steigt in Freuden auf!
Gedeihe Reichthum! Halle füge sich
An Halle, wo in leichtem Spiel verschlungen,
Die Kinder scherzen um der Mutter Knie.

Mit ausgebreiteten Armen gegen die Stadt.

Der Götter schönsten Segen über euch!
Schon grüßt ein Traum von dir, o Geister=
land,
Mein Haupt; im Silberlichte schweigend ruhn
Die Myrtenhaine — aus den Schatten wan=
delt
Ein Mann, sein Blick wie Mondenglanz, die
Wolken

Der Stirne sanft verschwebend in ein Lächeln.
Er reicht die Hand mir — an Sichäus Brust
Hinsink' ich, eine heiter glüh'nde Braut:
Auf Dido und am Abgrund, der vom Tode
Das Leben trennet, pflücke deinen Lorbeer!
Nicht spurlos gehst du unter, fühle dich!
Dein Denkmal ist die Stadt, die du gegründet,
Dein Tod die Stimme, die im Donnerwort
Den Völkern zuruft: ehret das Gesetz! —
Die treuen Bürger nahen —

Niedersinkend.

Erde, Leben,
In deinen Schmerzen selbst noch schön, noch einmal
In deiner Herrlichkeit bet' ich dich an,
Und — entsage dir!

Sie erhebt sich — dann zu den eintretenden Bürgern:

Wie eine Mutter
Die Kinder, wenn sie gehn und wiederkehren,
Mit Segen still entläßt und still empfängt —
Da ist nur Liebe, Liebe bis zum Tode,
Bis über'n Tod hinaus — empfang' ich Euch,
Und thürmten Zweifel auch sich zwischen uns —

Sie werden sanft sich lösen. Scheidend noch
Durchstrahlt, besiegt der Abendsonne Glanz
Das neidische Gewölk, das ihn umdüstert.

Meron.

Die heil'gen Götter, die das Ferne, wie
Das Nahe überschauen, drückten längst
Das Siegel ihrer Huld auf Deine Stirn,
Aus Deinen Werken, Deinen Siegesthaten
Den heitern Kranz um Deine Schläfe windend.
Den raubt kein Sturm Dir. — Deines Lebens Strom,
Am Morgen fröhlich fliezend, in dem Strahl
Des Mittags siedend, still verklärt am Abend,
Wird glorreich wallen zu dem Meer des Ruhms.

Dido.

Er wallt zum Meer! — Wie bald dem Tage folgt
Die Nacht: kurz ist das Leben — darum hab'
Ich meinen letzten Willen aufgesetzt,

In ihm ernannt, wer König sey nach mir.
Ihr öffnet diese Rolle, wenn ich schied.
Schwört mir, den Inhalt treulich zu erfüllen!

Volk,

seine Hände gen Himmel streckend.

Wir schwören's!

Erster Tyrier.

Was beginnet sie?

Dido,

Meron die Rolle gebend.

Nimm hin!

Leiser, für sich.

Mit ihr die Königskron'. Er ist es, den ich
Erwählte; was mein liebend Herz erschuf,
Sein Geist wird es erhalten — nicht verwaiset
Laß ich die Kinder.

Laut.

Und nun schwört mir noch
Die Götter ehrend, allen Künsten hold,
Zu bau'n am großen Baue dieses Staats.
Die Kraft des Einen für des Ganzen Heil,

Die Kraft des Ganzen für das Wohl des
Einen.
An Eurer Städte-Thoren wache Klugheit
Und Stärke! In dem Innern wirke sanft
Der Fleiß, die Liebe! Schwört es mir!

Volk.

Wir schwören!

Dido.

Heil Dir, mein Volk! der Zeiten Welle trägt
Dich hoch und höher zu den Göttern auf!
Und nun —

Sie nähert sich dem Scheiterhaufen.

vernehmt, wie sich die Königin
Verklagt vor Euch: den Tyrern heilig ist
Die erste Lieb'; ich habe sie entheiligt.
Vor Eurem Angesicht mit neuem Eid
Verlobt' ich mich dem Schatten des Gemahls:
Ich brach den Schwur. Das eiserne Gesetz
Der Zucht, von mir verkündet, ich verhöhnt' es,
Zu Boden warf mich Leidenschaft. — Wer
hebt

Vom tiefen Sturz mich glorreich auf? — der
Tod!
Wer straft, wer richtet mich! — Blickt her,
ich selbst!

Sie ersticht sich, und sinkt, am Scheiterhaufen lehnend, halb zusammen.

Neron.

Halt ein! halt ein! —

Anna.

Weh Dido!

Volk.

Wehe! Wehe!

Dido, sterbend.

Ich fehlt' als Weib und sterb' als Königin!

C. Lüdgers
theoretisch-praktische Grammatik der englischen Sprache für Lehrer und Lernende.
Neue verbesserte Auflage.

Leipzig, bei G. J. Göschen 1821.

Der Verfasser sagt von seiner Grammatik:

Wenn siebzehn in England und vorzüglich in London verlebte Jahre, wenn der Umgang in jenem Lande mit Menschen aus den gebildetsten Klassen, wenn die Sorgfalt, die der Fremde auf Sprachrichtigkeit zu verwenden hat, der als Schriftsteller oder Uebersetzer ausländischer Sprachen unter einem Volke auftritt, das jeden Verstoß dagegen mit unbestechlicher Strenge rügt, wenn alles das zur Kenntniß der Sprache beiträgt; und wenn endlich eine zwanzigjährige Praxis im Unterricht mehrerer lebenden Sprachen erwarten läßt, daß der Lehrer die Bedürfnisse der Lernenden kennt; so kann man diese Grammatik mit einem günstigen Vorurtheil sich anschaffen.

In der neuen Bibliothek für pädagogische Literatur herausgegeben von Gutsmuths, Monat Junius 1809.

urtheilet Herr Seidenstücker von der ersten Auflage, wie folget:

„Wirklich beweiset diese Grammatik durch jedes Kapitel und jeden Abschnitt, daß der Verfasser befugt war, in einem zuverlässigen Tone von seiner Arbeit zu sprechen. Unter allen Anweisungen zur Erlernung der englischen Sprache, die ich seit mehreren Jahren habe durchlesen müssen, hat mich keine in so hohem Grade befriedigt als die vorliegende, die in dem Verfasser eben so sehr den scharfsinnigen Theoretiker als den praktischen Lehrer beurkundet u. s. w."

Zahl der Bogen: 25 in groß 8. gut und correct gedruckt auf gutes Papier.

Wohlfeilheit: Preis 18 gl. sächs.

FSC
www.fsc.org
MIX
Papier | Fördert
gute Waldnutzung
FSC® C083411

Kolibri 360 GmbH
Ferdinand-Jühlke-Straße 7
99095 Erfurt, Deutschland
produktsicherheit@kolibri360.de